GUIA BASICA MECANICA AUTOMOTRIZ

para principiantes e inexpertos

NORBERTO IV SILVA ESQUIVEL

ISBN-13: 9798639373589

Diseño de la portada de: Pintor artístico
Número de control de la Biblioteca del Congreso: 2018675309
Impreso en los Estados Unidos de América

CONTENIDO

PRÓLOGO

Gracias por llegar aqui, estas a unas paginas de des-
cubrir el correcto funcionamiento del automovil,
asi como sus componentes principales y sistemas
que lo componen. Aprenderas desde como llenar
una llanta, hasta el servicio basico del automovil y
lo que incluye.

MECANICA AUTOMOTRIZ

para principiantes e inexpertos

NORBERTO SILVA

MECANICA AUTOMOTRIZ

NORBERTO SILVA

Los principios que aquí te muestro, son básicos pero primordiales para el correcto cuidado de tu automóvil, lo trate de hacer lo más fácil de digerir, creo que es una excelente manera de revisar y cuidar tu automóvil, cuento con mas de 15 años al servicio profesional de automóviles, aquí aprenderás algunas cosas importantes, disfruta tu lectura.

Esto no pretende ser un curso de mecánica sino un manual, una guía básica para los dueños de autos, que no tengan conocimiento alguno de los automóviles.

El objetivo es entregar conocimientos prácticos para que entiendan más o menos como funciona un auto y sus diferentes sistemas.

Para que logres una idea de que falla puede tener el auto y principalmente para que se den cuenta cuando un mecánico los trate de engañar.

No entraré en detalles del tipo "hágalo usted mismo" al contrario, siempre que veo a alguien particular con el cofre levantado, espero que sea solo para revisar el nivel de aceite o limpiar la basura y hojas que se juntan en el compartimento del motor.

Creo firmemente que para eso están los mecánicos

profesionales, los talleres certificados y con amplia experiencia.

Pero también creo que hay ocasiones y momentos en la que la ayuda profesional va a demorar mucho en llegar, sobre todo si estas en una situación de viaje en carretera o si vives en un lugar de difícil acceso, entonces allí si es necesario saber claramente cuáles son los problemas y sus soluciones para no pagar demás ni ser estafados.

Lo que te voy a enseñar aquí es una guía básica para que te orientes o sepas por donde empezar a buscar el problema y no te le quedes mirando por horas al motor sin tener idea de por dónde empezar.

Tengo ya mas de 15 años de experiencia al frente de un taller calificado, con trato al cliente todos los días y revisiones de fallas que algunos consideraran imposibles, con concursos ganados a nivel estatal, he brindado servicio en mi taller a vehículos de instituciones gubernamentales siendo estas IMSS y PEMEX como las principales, celebrando contrato de colaboración por años, sumando a mi experiencia el manejo de todo tipo de vehículos a Diesel y gasolina.

Entonces lo que quiero contarte es algo básico pero suficiente para poder revisar y mantener tu vehículo con éxito.

Primero lo primero

-Ya tengo un automóvil, ahora que sigue

Lo primero es identificar el motor, su ubicación puede ser en la parte delantera del automóvil o lo puedes llevar atrás en el maletero, no es común, pero existen.

Ahora ya sabes donde va el motor de tu auto, si ya revisaste el cofre y cajuela buscando indicios de él y allí esta, ese potente motor a gasolina que dará rienda suelta a tus paseos de domingo por la tarde.

-Pero......
-Que es un motor?

Como definición podemos decir:
Que un motor es una maquina termodinámica que convierte la energía química de la ignición, provocada por la mezcla del aire y el combustible, puede ser gasolina, etanol en energía mecánica para producir el desplazamiento de un vehículo.

Vamos a hablar de estos 2. (no voy a entrar en temas de motores Diesel, eléctricos, gas e hidrogeno porque no acabaría de explicar ni el principio ni sus componentes en un solo libro, básteme decir que todos funcionan, pero su relación de rendimiento y consumo varían enormemente).

Los motores de combustión interna que usan gasolina como combustible son, a nivel estructural, muy similares a los que usan diésel.

Los motores de gasolina funcionan en ciclos de cuatro tiempos que vienen siendo:

-Admisión

-Compresión

-Explosión

-Escape

Lo anterior es más o menos lo básico.

En pocas palabras un motor funciona así:

El pistón en este caso es lo que va arriba, lleva un pasador que lo conecta a una biela y esta va a la vez conectada al cigüeñal que es la gran pieza de abajo con contrapeso.

Entonces, se convierte movimiento vertical en uno circular. Pero se preguntarán ¿y por qué sube y baja el pistón?, bueno todo esto va adentro de una cámara cerrada llamada cilindro, en esa cámara se inyecta una mezcla de aire y gasolina que es comprimida cuando el pistón corre hacia arriba y se enciende por una chispa producida por la bujía, esto causa una explosión que empuja al pistón hacia abajo con gran fuerza lo que hace girar al cigüeñal, luego el contrapeso del cigüeñal hace subir el pistón y todo el asunto se repite.

Un motor tendrá más potencia mientras más grande sea la cámara y mientras más cilindros tenga.

A mayar tamaño de motor, mayor potencia tiene este y mas bonito ruge cuando pisas a fondo el acelerador.

Cada cilindro lleva una bujía en el sistema convencional y pueden llevar hasta dos bujías por cilindro y a lo menos dos válvulas: una de admisión para que ingrese la mezcla y una de escape para que salgan los gases.

Los motores modernos para mejorar el rendimiento pueden traer tres y hasta cuatro válvulas (dos de admisión y dos de escape). Las válvulas se abren y cierran coordinadamente con un eje que llevan encima llamado "árbol de levas" que está diseñado para empujar hacia abajo y abrir cada válvula en el momento preciso.

Este árbol de levas da vuelta junto con el cigüeñal

con el que está conectado por la correa de distribución, también llamada banda de tiempo porque sincroniza todo el ciclo y funcionamiento del motor.

Para que un motor funcione correctamente, se le añaden y trabaja en conjunto con diversos sistemas que a lo largo de los años y con ayuda de la tecnología se han ido incrementando el numero de sistemas en un vehículo.

Algo a notar aquí es entre mas sistemas tenga tu vehículo, mayor será el confort al manejar y más placentero.

Pero también tienes mas posibilidades de que alguno de esos sistemas falle y tengas que llevarlo constantemente al taller de servicio.

Que quiero decir con esto, si tu vehículo es de los mas equipados y cuentas con mas accesorios que la gama promedio en general, tu automóvil tiende a descomponerse en proporción a los sistemas que tengas instalados.

Los principales sistemas con los que cuenta un vehículo son:

-Sistema de refrigeración
-Sistema de lubricación

-Sistema de frenos y ABS

-Sistema de Aire Acondicionado

-Sistema de dirección (hidráulica o electro asistida)

-Sistema de Audio y navegación satelital

-Sistema de carga y eléctrico

-Sistema de transmisión

SISTEMA DE REFRIGERACION

Este sistema es una mezcla de varios elementos como mangueras, bomba de agua, radiador, termostato y diversas tuberías que entran y salen del motor.

Por su interior circula el líquido refrigerante, este puede ser mezclado con agua que se encarga de mantener la temperatura del motor en un nivel optimo para evitar el sobrecalentamiento.

Mi recomendación es cambiarlo cada fin de año, drenar y hacer una diálisis del liquido existente y llenar con anticongelante nuevo, por lo general los vehículos cuentan con un grifo de plástico en la parte inferior del radiador, donde tu lo abres y puedes empezar a drenar el líquido.

Asegúrate de hacerlo cuando tu vehículo este frio o ya hayan pasado mínimo dos horas desde la ultima vez que lo usaste, de lo contrario pueden surgir accidentes y ocasionarte quemaduras en tu piel.

Te recomiendo llenarlo 60% de anticongelante refrigerante y 40% de agua.

En este tipo de sistema es muy común con el desgaste natural del tiempo y por falta de mantenimiento, que ocurran las fugas, ocasionando la perdida de liquido y por ende el sobrecalentamiento de tu motor.

Con una breve inspección visual deberás notar fugas o grietas, manchas de anticongelante y si ya es mas evidente hasta charcos debajo de tu automóvil, si esto sucede te aconsejo llevarlo a un taller para su valoración, no lo conduzcas de esta forma, asegúrate de que lo remolquen.

Si eres un entusiasta de la mecánica y quieres repararlo tú mismo, también puedes.

Este sistema es de los más fáciles de manejar y de reparar, con una inspección visual y un poco más que tu ingenio podrás notar la falla y reemplazar el componente dañado, no trates de reparar la pieza, cámbiala y al final asegúrate de que no existan más fugas.

SISTEMA DE LUBRICACION

Este sistema es de los mas importantes en el vehículo, se encarga de lubricar todas las partes móviles internas de tu motor y con ello evitar que se calienten y atoren por la fricción.

Es esencial un correcto uso del tipo de viscosidad de tu aceite, el manual del propietario te indicara cual lleva tu automóvil, recuerda siempre cambiar el filtro al mismo tiempo que el aceite.

Mi recomendación es cada 5000 kms o 3 meses lo que ocurra primero. Existen aceites sintéticos y minerales, en tu manual indica cual lleva específicamente tu motor.

Un cambio de aceite a tiempo ayuda a evitar posibles complicaciones y daños en el funcionamiento de tu motor.

SISTEMA DE FRENOS Y ABS

Ahora si ya tienes tu automóvil, ya lo pusiste en marcha, pero y como lo detienes, aquí entra el sistema de frenos.

Existen básicamente dos tipos de frenos: de disco y de tambor, los de disco son más eficientes y la mayoría de los autos traen frenos de disco adelante y de tambor en las ruedas traseras.

Las ruedas delanteras son las que hacen gran parte del esfuerzo de frenado.

Los autos más equipados o de mayor potencia traen frenos de disco en las cuatro ruedas.

Aunque esto solo es significativo a velocidades muy altas, mientras que los autos más antiguos traen frenos de tambor en las cuatro ruedas.

El sistema de frenos entonces consta de discos, caliper, pastillas (ruedas de adelante), tambores. cilindro, zapata, balata y resortes y herrajes varios (ruedas de atrás), dos circuitos independientes de líneas de presión, el servo y la bomba de freno con sus dos cámaras separadas y una cuba para el líquido de frenos.

Aparte del desgaste de los componentes que van en las ruedas (pastillas y balatas) las fallas del sistema pueden ser: pérdida de líquido de freno por alguna junta de las tuberías o en las ruedas, falla de las gomas de la bomba o los cilindros, o rayas internas en el metal de los cilindros o la bomba, esta última falla es la más cara pues hay que cambiar las piezas completas.

Por ningún motivo trates de realizar este mantenimiento tu mismo, llévalo a inspeccionar a tu taller de preferencia, no lo manejes si tiene condiciones débiles de frenado o trae alguna fuga de líquido.

Revisa el nivel del liquido de frenos y rellénalo de ser necesario, antes de encenderlo pisa unas 5 veces el pedal del freno, para cargar de líquido la tubería y revisa posibles fugas antes de empezar tu recorrido.

Si el sistema de frenos falla en conducción, no habrá manera de detener el automóvil, cuentas con un sistema de respaldo o seguridad como lo es el freno de mano o de pie.

Es una palanca independiente al pedal del freno, pero, aun así te resultara casi imposible detenerlo y manejarlo normalmente.

Por favor si tienes alguna duda del buen funcionamiento de los frenos de tu automóvil, llama a tu taller y pídele una revisión exhaustiva.

SISTEMA DE AIRE ACONDICIONADO

Hoy en día prácticamente todos los coches cuentan con un aire acondicionado o un climatizador en su vehículo.

Es un elemento que nos hace los viajes más llevaderos tanto con altas temperaturas como con mucho frio.

Para poder disfrutar al 100% de nuestro aire acondicionado, debemos revisar su carga como mínimo una vez al año para evitar que se quede vacío y nos pueda llevar a problemas mayores.

En realidad, cada año se pierde aproximadamente un 20% de la capacidad total por lo que todos los fabricantes suelen aconsejar que cada dos años se efectué una revisión del circuito cerrado para comprobar el estado y poder ver si necesita algún mantenimiento.

De igual manera podemos hacer una revisión visual de los componentes del sistema para detectar alguna fuga o coloración en sus componentes.

El gas refrigerante utilizado en este sistema tiende a manchar o dejar un color verde fosforescente cuando ocurre alguna fuga en el sistema.

Este sistema consta de varios componentes y todos son igual de importantes, si alguno de estos dejara de funcionar, el sistema entero pararía su producción de aire frio.

Los diversos componentes son:

-Condensador

-Compresor

-Evaporador

-Filtro

-Válvula de expansión

-Tubería y mangueras

-Bulbos de alta y baja presión

Y normalmente utilizan gas refrigerante R12 O en su versión ecológica R134a

Una falla común en estos sistemas es la perdida de gas refrigerante y una duda que nos puede surgir es si podemos hacer esto nosotros mismos en nuestra casa o tenemos que pasar por un taller para que nos los revisen.

Yo te recomiendo que lo lleves a tu taller de confianza a que te lo inspeccionen profesionales ya que es un procedimiento muy costoso.

para hacerlo nosotros mismos necesitaríamos aparatos específicos, manómetros para medir las presiones y además, tener conocimientos para poder efectuar una reparación o mantenimiento con éxito.

Lo mejor es llevarlo a reparar o que le realicen una recarga de gas y así evitar daños por explosiones de tuberías o daños personales, esto déjalo que lo haga un profesional.

SISTEMA DE DIRECCION

Este sistema se encarga de proporcionar un manejo agradable con un volante suave.

Para este sistema se ocupa una bomba de aceite, una cremallera y mangueras.

La bomba se encarga de proporcionar suavidad al sistema de conducción, para que tu volante no este duro o difícil de manejar.

En los vehículos nuevos es común que la bomba de aceite hidráulica sea reemplazada por un motor eléctrico debajo de la columna del volante que hace la misma función.

En mi opinión la tecnología nos facilita mucho las cosas en la vida diaria, no así en en este tema, pues este tipo de sistemas electro asistidos suelen ser un dolor de cabeza para consumidores y talleres especializados.

Son un sistema de prueba con muchas posibilidades

de mejora, pero que aun no terminan de convencer a los usuarios por el alto costo que implica una reparación de este tipo contra el sistema hidráulico tradicional.

Creo que hay una enorme área de oportunidad que los fabricantes de autos deben tener en consideración.

SISTEMA DE AUDIO Y NAVEGACION SATELITAL

La mayoría de los autos al salir de fabrica cuenta con un sistema de audio e infoentretenimiento, con una pantalla que puede traer ya descargado el GPS, los mapas o bien mediante un plan de datos te muestra el camino recorrido.

Viene a funcionar como una computadora de viaje y nos da bastantes datos útiles, como rendimiento del vehículo, velocidad y ubicaciones actuales.

También puedes cargar una dirección y te muestra la ruta más rápida y rutas alternas para llegar a tu destino.

Sin duda es uno de los sistemas que se ha vuelto esencial en un vehículo.

SISTEMAS DE CARGA Y ELECTRICO

Los autos traen un sistema eléctrico que tiene principalmente tres funciones:

1. Hacer partir el auto con el motor de arranque o marcha.

2. Dar energía al sistema de bobina, distribuidor y chispa en las bujías.

3. Dar energía eléctrica a las luces, bocina y los distintos accesorios La electricidad del auto.

Con el motor apagado, la corriente eléctrica proviene de la batería y con el motor prendido se alimenta del alternador, es decir que el giro del motor produce electricidad suficiente para todos los sistemas, aunque la batería esté completamente descargada (por eso muchos autos funcionan empujando).

Por otro lado, mientras el motor gira el alternador está recargando la batería constantemente. La batería se descarga solo al momento de arrancar el auto (y se descarga bastante porque la fuerza necesaria para hacer girar el motor apagado no es poca) o cuando estamos escuchando música o algo con el motor apagado mientras lo estamos lavando.

La batería tiene una duración promedio de 18 meses, aunque algunos fabricantes pueden venderte la idea de que sus baterías duran alrededor de 48 meses, la realidad es que a partir del mes 12 estas propenso a sufrir perdida de voltaje por una batería descargada o en corto.

Aun saliendo de la planta de distribuidores las baterías tienen una duración promedio de 12 a 18 meses, tu mismo puedes hacer el cambio o reemplazo de esta.

Siempre con las protecciones de seguridad necesarias y asegurándote de colocar adecuadamente los polos de la batería en donde van.

Rojo o + en el polo que así lo indiquen y negro o – en el otro polo.

Por ningún motivo conectes de una manera incorrecta la pila pues el vehículo no encenderá y ocasionaras graves daños al sistema eléctrico de tu vehículo, trayendo consigo reparaciones costosas por algo muy simple pero que aun así créeme me ha tocado situaciones de que llegan al taller porque no pudieron conectar correctamente la batería.

SISTEMA DE TRANSMISION

Este sistema consiste en una serie de componentes encargados de conducir desde el cigüeñal la potencia suficiente para que las ruedas motrices giren.

Gracias a este sistema el carro avanza y se mueve de un lugar a otro.

Te recomiendo cambiar el aceite y filtro de la transmisión si es automática una vez al año.

Existen 2 tipos de transmisión la manual o estándar y l automática.

Las dos cuentan con sus ventajas y desventajas, siendo la automática la más fácil de conducir y brindando un confort al manejar.

MANTENIMIENTO PREVENTIVO DE UN AUTOMOVIL

Asegúrate de realizarlo cada 6 meses o 10,000kms lo que ocurra primero.

Deberás cambiar los siguientes componentes:

-Aceite y filtro

-Filtro de aire

-Filtro de gasolina

-Bujías

-Limpieza de inyectores

-Filtro de polen de ser necesario

Revisa visualmente mangueras y bandas del automóvil, los líquidos de refrigerante, hidráulico y de frenos, rellénalos de ser necesario.

REVISAR LA PRESION DE LLANTAS

Revisar la presión de las llantas es muy importante antes de un viaje largo ya que, en caso de menor presión de la recomendada por el fabricante, aumentaremos el consumo de combustible y nos exponemos a que se reviente el neumático debido a la temperatura.

En caso de llevar nuestro vehiculó con mucha carga, debemos aumentar ligeramente la presión de estos (según lo indicado por el fabricante) para compensar la carga que llevamos.

QUE ASPECTOS REVISAR SI VAS A COMPRAR UN AUTO USADO

Lo primero una inspección visual del vehículo en general, dale una vuelta a todo alrededor para detectar golpes en la carrocería o la pintura dispareja, cualquier cosa que notes mal baja el precio del vehículo.

Ya lo revisaste por fuera y pasa tu inspección visual, ahora abre el cofre y haz lo mismo, revisa fugas de anticongelante, aceite, líquidos y condiciones de mangueras y bandas.

Si algo no te convence el precio baja.

Después de revisar todo esto con el motor apagado, trata de encenderlo y revisa que las revoluciones en ralentí estén estables sin aumento o disminución considerable, estas deben estar alrededor de las 750rpm a 900rpm, revisa que así sea. De no ser así indica un problema en el funcionamiento del motor y esta baja su precio del vehículo.

Revisa que la luz del motor o check engine no este encendida ni que este parpadeando.

Inspecciona las llantas para comprobar su estado y algo muy importante es que por ningún motivo debe salir humo por el tubo de escape, si presenta este síntoma no lo compres, trae un problema el motor y deberás llevarlo a reparación cuanto antes.

El estado de la tapicería o interior del vehículo nos indica cuan cuidadoso era su dueño anterior, si están en buen estado, es una buena señal de que cuidaban ese automóvil.

Revisa el suelo debajo del automóvil para checar si

tiene alguna fuga de aceite lubricante o de algún otro líquido.

Si después de hacer todas estas comprobaciones, te das cuenta de que la mayoría las cumple el vehículo que estas revisando, entonces puedes llegar a la conclusión de que es una buena compra.

ASPECTOS BASICOS A REVISAR SI EL AUTO NO ENCIENDE

Lo primero es revisar si da marcha o no da marcha, que hace esta comprobación, aquí nos damos cuenta si es un problema eléctrico que pudiera ser ocasionado por una batería descargada o si es algún fallo en el motor.

Si no da marcha, revisa el voltaje de la batería esta debe ser de 12volts, si este voltaje es menor, el problema es la batería llévala a cargar o reemplázala por una nueva.

Si la pila tiene 12 volts, pero aun así no da marcha, revisa que la alarma del vehículo no este activada, a veces se activan sin hacer ruido y no nos dejan encender el vehículo.

Si la alarma no es el problema, aquí tendrás que llamar a un profesional, seguramente tienes un problema en la marcha del vehículo o la pastilla de encendido, pero dichas piezas deben ser cambiadas por un profesional.

Ahora regresemos al principio el automóvil no enciende pero si da marcha, aquí suponemos un problema mayor pues las cuestiones a revisar son más, lo primero es revisar el nivel de combustible, una falla común y de principiantes es el bajo nivel de combustible, los que siempre andan con el mínimo y creen que nunca se les va acabar, si la aguja indicadora de gasolina no marca o está en lo mínimo casi siempre esta es la razón de que no encienda, ponle un poco de gasolina y deberá encender.

Mi auto si trae gasolina, pero comoquiera no enciende, ya revisaste el nivel y estas seguro de que tu nivel de gasolina es suficiente para encender tu automóvil, lo siguiente a revisar es si esa gasolina la esta mandando la bomba en el tanque de gasolina hacia a el motor.

Una comprobación fácil es poner la llave y girarla en on sin encenderlo y escuchar si la bomba enciende, deberás escuchar un zumbido en el tanque de gasolina.

Si se escucha la bomba y comoquiera no enciende, lo siguiente es levantar el cofre del motor y revisar la chispa en los cables de bujías o bobina.

Esto es un poco mas complicado y necesitas la ayuda de alguien para que le de marcha y tu desconectando un cable de las bujías te puedas dar cuenta si este salta chispa.

El siguiente paso es ver que el motor gire cuando le das marcha, de igual manera necesitas la ayuda de alguien para comprobar si el motor gira o esta atorado.

Si ya llegaste a estos pasos y tu motor no enciende, mi recomendación es remolcarlo a tu taller de confianza y que un profesional de servicio lo inspeccione adecuadamente para evitar más daños.

Pueden ser diversas las causas para que tu motor no encienda, el profesional del taller cuenta con herramienta adecuada y la experiencia para hacer un diagnóstico rápido y preciso.

COMO LAVAR EL AUTOMOVIL

Si ya sabes que con agua y jabón.... pero lo importante aquí es lavarlo una vez por semana con los líquidos y químicos correctos.

Te recomiendes laves tu auto en la sombra y ya pasada la tarde, así evitaras dañar la pintura de tu auto.

Por ningún motivo utilices una pistola de agua a presión para lavar el motor y jamás de los jamaces lo hagas con el motor caliente.

Utiliza dos cubetas para lavar tu auto, no desperdicies agua, una vez mas es tu auto y tu inversión de transporte cuídalo con el alma.

Tu auto es tu imagen sobre ruedas, mantenlo limpio y dale los cuidados necesarios, es tu apariencia y no quieres una apariencia descuidada.

ES EL FINAL...

Lo se no quieres que termine, pero así es esto, es una guía básica de tu automóvil y con esto te defenderás del mundo y no serás considerado mas el dummie de los automóviles, que te diviertas en tu automóvil.

NORBERTO IV SILVA ESQUIVEL

EPÍLOGO

Al terminar la lectura de esta guia basica, espero que te sientas mas preparado para revisar tu automovil y confies en tu instinto y en tu inspeccion visual y fisica, recuerda hay cosas del automovil que tu mismo puedes solucionar pero algunas otras necesitaras la ayuda de un profesional, no obstante tu sabras que hiciste todo lo necesario para cuidar de tu automovil, ya revisamos los sitemas que lo componen hasta el correcto inflado de una llanta y la hora adecuada para lavar tu auto.Disfruta conduciendo por la ciudad y no olvides llevar contigo esta guia basica.

ACERCA DEL AUTOR

Norberto Iv Silva Esquivel

Los principios que aquí te muestro, son básicos pero primordiales para el correcto cuidado de tu automóvil, lo trate de hacer lo más fácil de digerir, creo que es una excelente manera de revisar y cuidar tu automóvil, cuento con mas de 15 años al servicio profesional de automóviles, aquí aprenderás algunas cosas importantes, disfruta tu lectura.

LIBROS DE ESTE AUTOR

4 Formas Reales De Ganar Dinero Desde Casa

Este libro se trata de como aprovechar el tiempo durante la cuarentena, para todos aquellos que salieron afectados o perdieron sus empleos, son ideas comprobadas y que puedes poner en práctica fácilmente.

No te harás rico rápidamente, pero si puedes sumar otra fuente de ingreso adicional en estos tiempos de crisis.

Disfruta tu lectura...

Merkus Y Su Primer Viaje Estelar

Y que puedo decir de esta historia, comenzó hace mucho tiempo, cuando tuve la necesidad de contar historias para dormir a los niños, comencé con un miedo terrible, sin saber si podía terminar el libro y si acaso podía hacerlo bien. En estas paginas veras que todo puede cambiar de la noche a la mañana y

que sin siquiera imaginarlo te puedes ver en una situación totalmente diferente, te invito a que acompañes a Merkus en sus nuevas aventuras. Gracias por llegar aquí.

4 Real Ways To Make Money From Home

This book is about how to make the most of the time during quarantine, for all those who were affected or lost their jobs, are proven ideas and that you can easily implement.
You won't get rich quickly, but if you can add another source of additional income in these times of crisis.
Enjoy your reading...

Merkus And His First Stellar Journey (English Edition)

And what can I tell about this story, it started a long time ago, when I had the need to tell stories to sleep the children, I started with a terrible fear, not knowing if I could finish the book and if I could do it right. In these pages you will see that everything can change overnight and that without even imagining it you can see yourself in a totally different situation, I invite you to accompany Merkus on his new adventures. Thanks for coming here.